AF313845

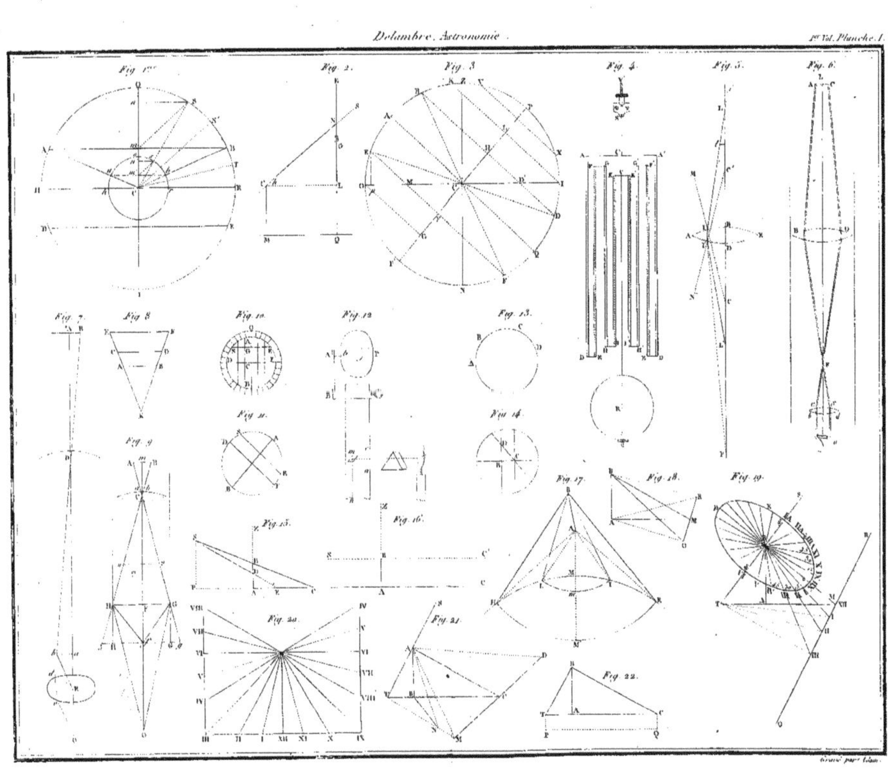


Fig. 1.er
Fig. 2.
Fig. 3.
Fig. 4.
Fig. 5.
Fig. 6.
Fig. 7.
Fig. 8.
Fig. 10.
Fig. 12.
Fig. 13.
Fig. 11.
Fig. 14.
Fig. 9.
Fig. 15.
Fig. 16.
Fig. 17.
Fig. 18.
Fig. 19.
Fig. 20.
Fig. 21.
Fig. 22.

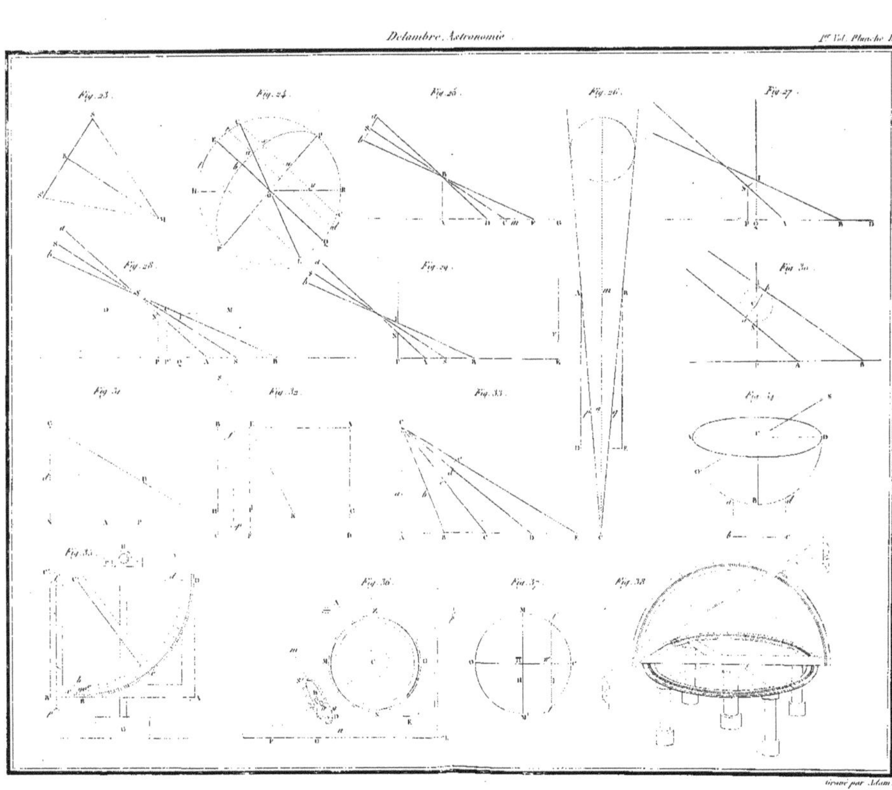

Fig. 23.
Fig. 24.
Fig. 25.
Fig. 26.
Fig. 27.
Fig. 28.
Fig. 29.
Fig. 30.
Fig. 31.
Fig. 32.
Fig. 33.
Fig. 34.
Fig. 35.
Fig. 36.
Fig. 37.
Fig. 38.

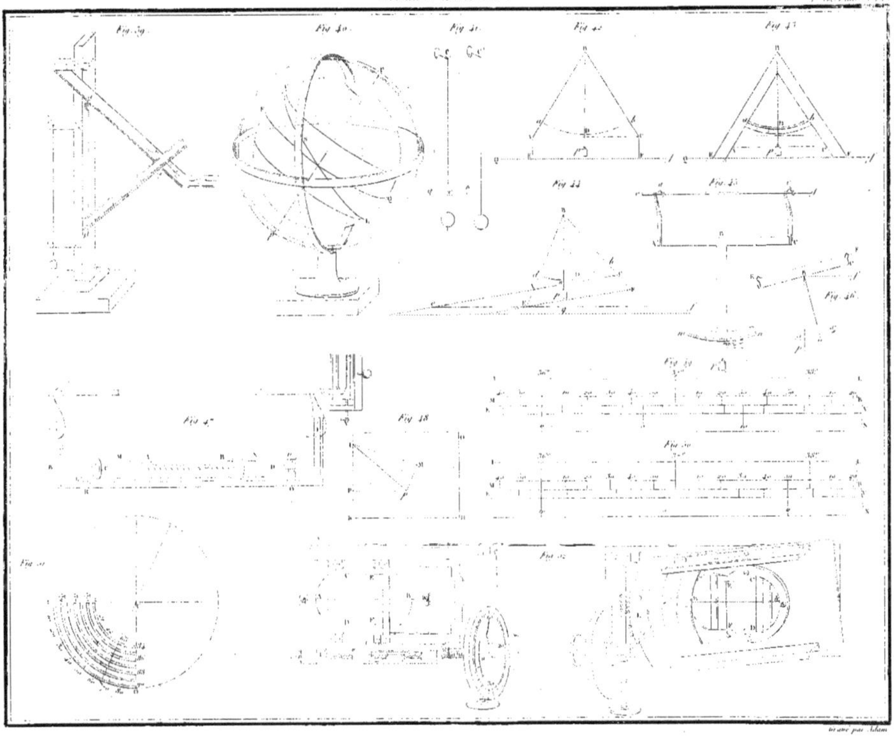

Fig. 39.
Fig. 40.
Fig. 41.
Fig. 42.
Fig. 43.
Fig. 44.
Fig. 45.
Fig. 46.
Fig. 47.
Fig. 48.
Fig. 49.
Fig. 50.
Fig. 51.
Fig. 52.

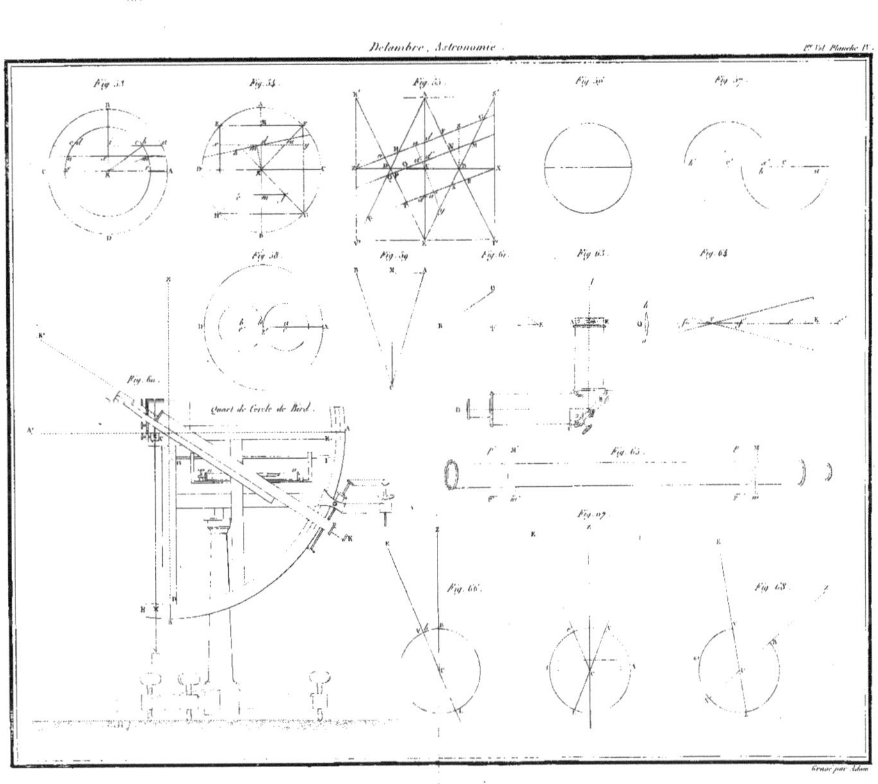
Fig. 53.
Fig. 54.
Fig. 55.
Fig. 56.
Fig. 57.
Fig. 58.
Fig. 59.
Fig. 61.
Fig. 63.
Fig. 64.
Fig. 62.
Quart de Cercle de Bird.
Fig. 65.
Fig. 67.
Fig. 66.
Fig. 68.

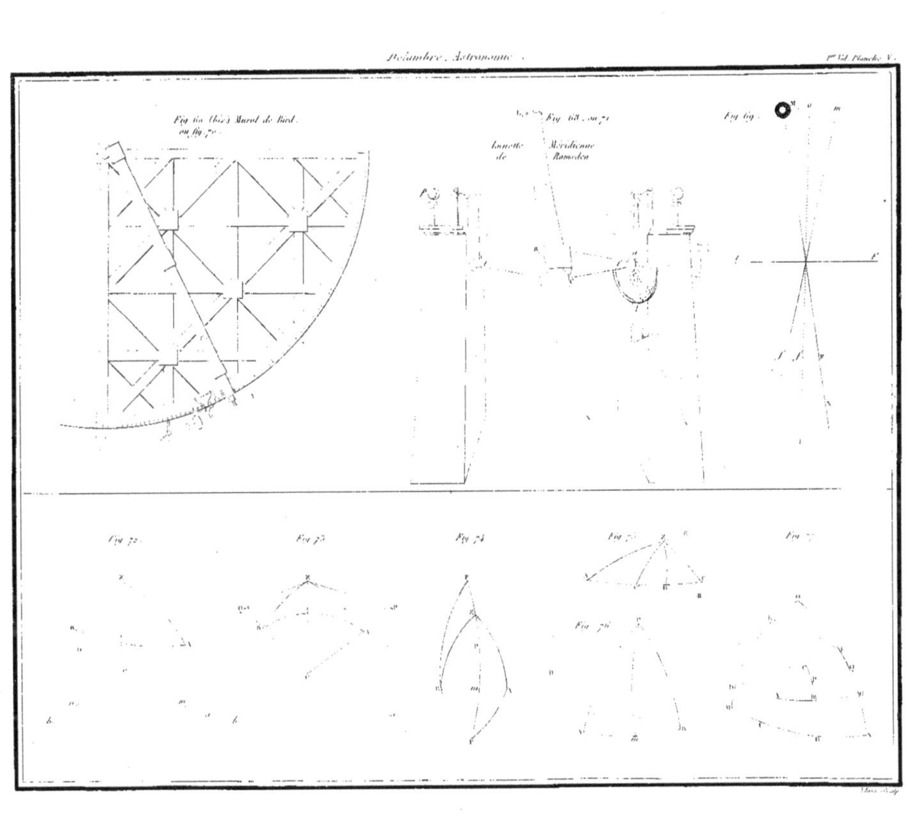
Fig. 68. Quart Mural de Bird.
ou fig. 70.
Fig. 68. ou 71
Lunette Méridienne
de Ramsden
Fig. 69.
Fig. 72.
Fig. 73.
Fig. 74.
Fig. 75.
Fig. 76.
Fig. 77.

Fig. 62.

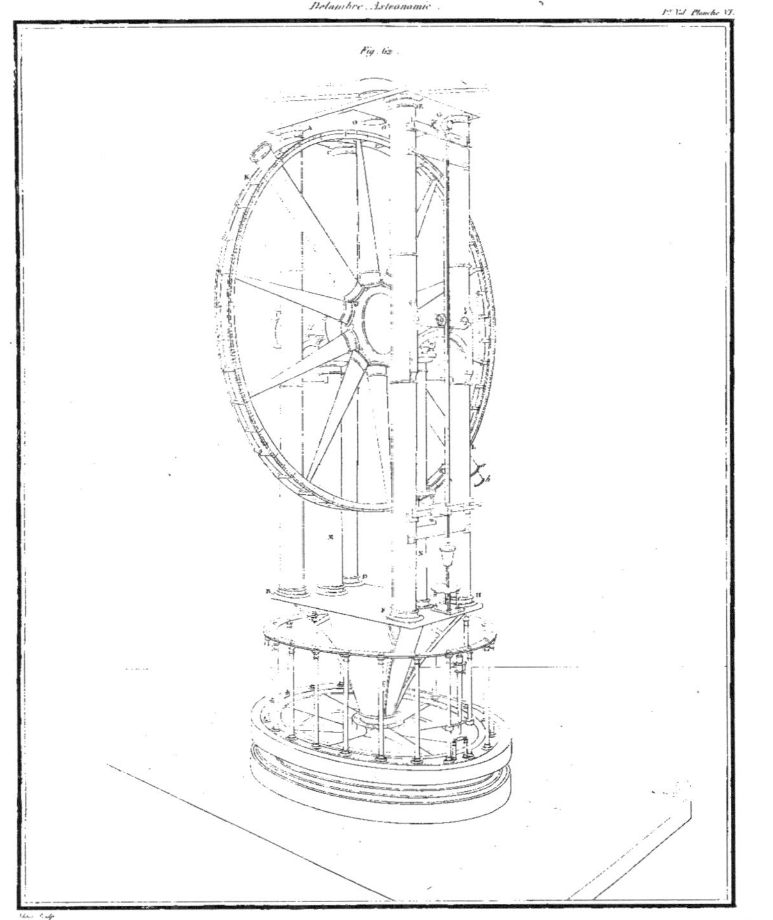

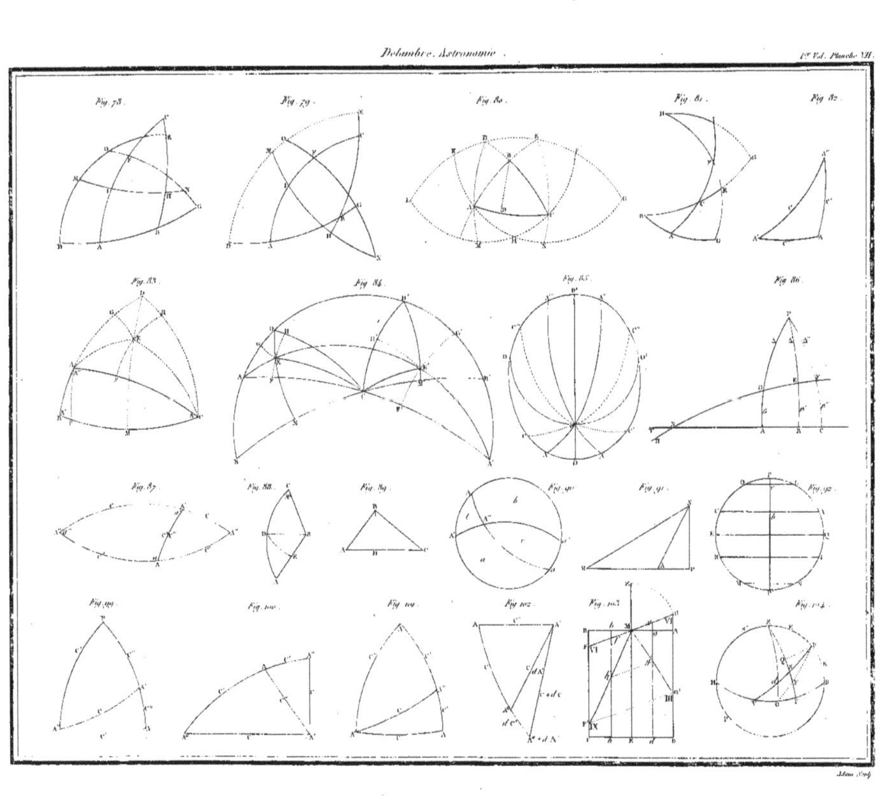


Fig. 78.
Fig. 79.
Fig. 80.
Fig. 81.
Fig. 82.
Fig. 83.
Fig. 84.
Fig. 85.
Fig. 86.
Fig. 87.
Fig. 88.
Fig. 89.
Fig. 90.
Fig. 91.
Fig. 92.
Fig. 99.
Fig. 100.
Fig. 101.
Fig. 102.
Fig. 103.
Fig. 104.

Fig. 105.

Fig. 106.

Fig. 107.

Fig. 108.

Fig. 109.

Fig. 110.

Fig. 111.

Fig. 112.

Fig. 113.

Fig. 114.

Fig. 115.

Fig. 116.

Fig. 117.

Fig. A.

Fig. 118.

Fig. 119.

Fig. 120.

Fig. 121.

Fig. 122.

Fig. 123.

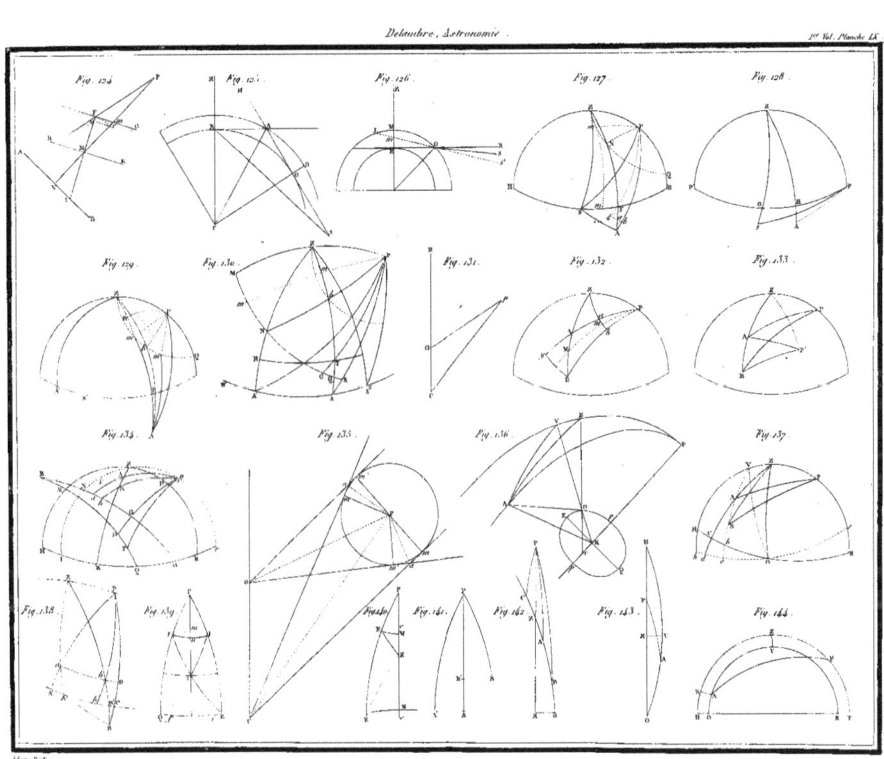
Fig. 124.
Fig. 125.
Fig. 126.
Fig. 127.
Fig. 128.
Fig. 129.
Fig. 130.
Fig. 131.
Fig. 132.
Fig. 133.
Fig. 134.
Fig. 135.
Fig. 136.
Fig. 137.
Fig. 138.
Fig. 139.
Fig. 140.
Fig. 141.
Fig. 142.
Fig. 143.
Fig. 144.

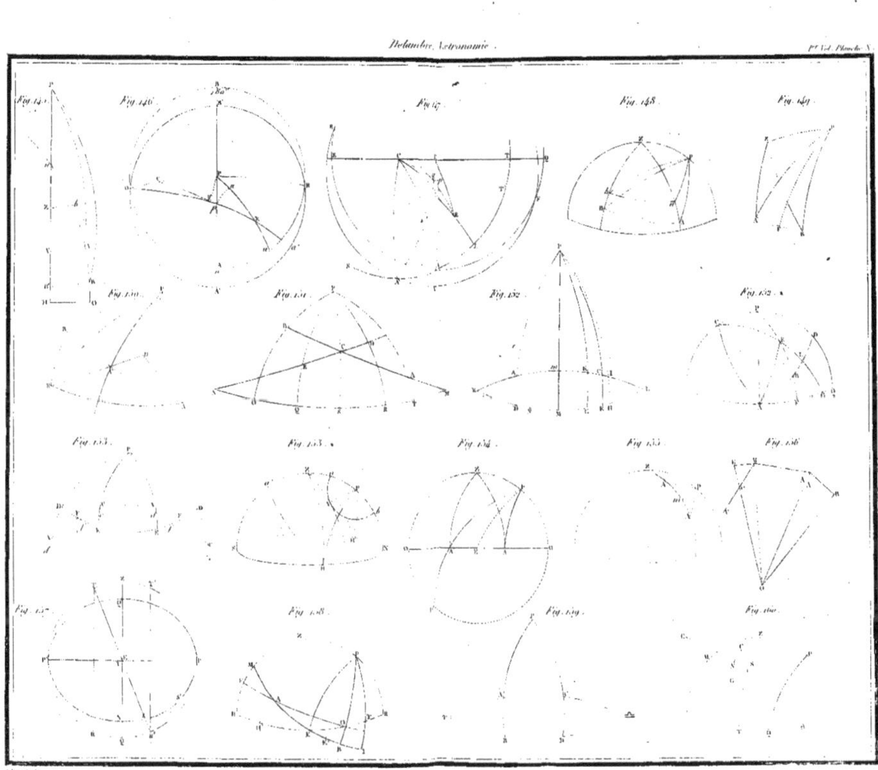






Fig. 145.
Fig. 146.
Fig. 147.
Fig. 148.
Fig. 149.
Fig. 150.
Fig. 151.
Fig. 152.
Fig. 152 bis.
Fig. 153.
Fig. 153 bis.
Fig. 154.
Fig. 155.
Fig. 156.
Fig. 157.
Fig. 158.
Fig. 159.
Fig. 160.

Fig. 161.

Fig. 162.

Fig. 163.

Fig. 164.

Fig. 165.

Fig. 166.

Fig. 167.

Fig. 168.

Fig. 169.

Fig. 170.

Fig. 171.

Fig. 172.

Fig. 173.

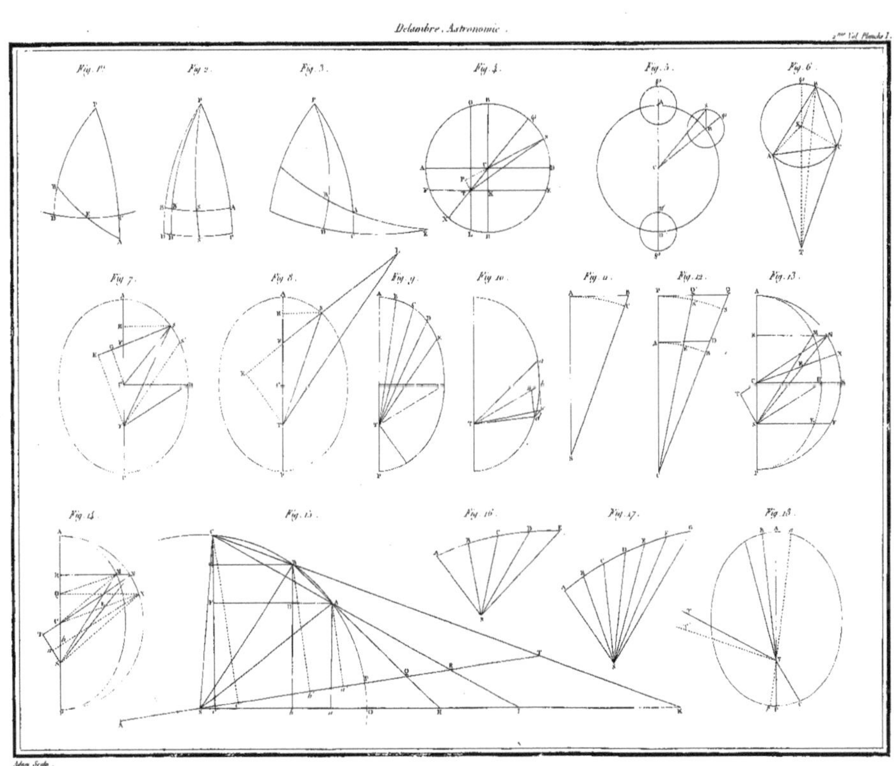

Fig. 1.
Fig. 2.
Fig. 3.
Fig. 4.
Fig. 5.
Fig. 6.
Fig. 7.
Fig. 8.
Fig. 9.
Fig. 10.
Fig. 11.
Fig. 12.
Fig. 13.
Fig. 14.
Fig. 15.
Fig. 16.
Fig. 17.
Fig. 18.

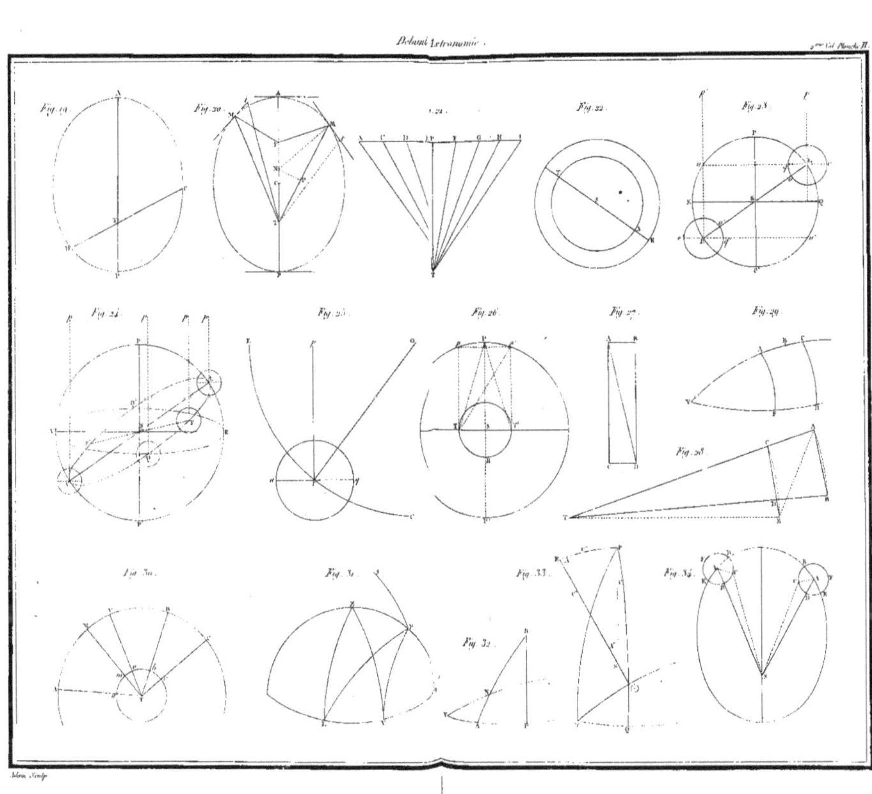


Fig. 19.
Fig. 20.
Fig. 21.
Fig. 22.
Fig. 23.
Fig. 24.
Fig. 25.
Fig. 26.
Fig. 27.
Fig. 29.
Fig. 28.
Fig. 30.
Fig. 31.
Fig. 32.
Fig. 33.
Fig. 34.

 

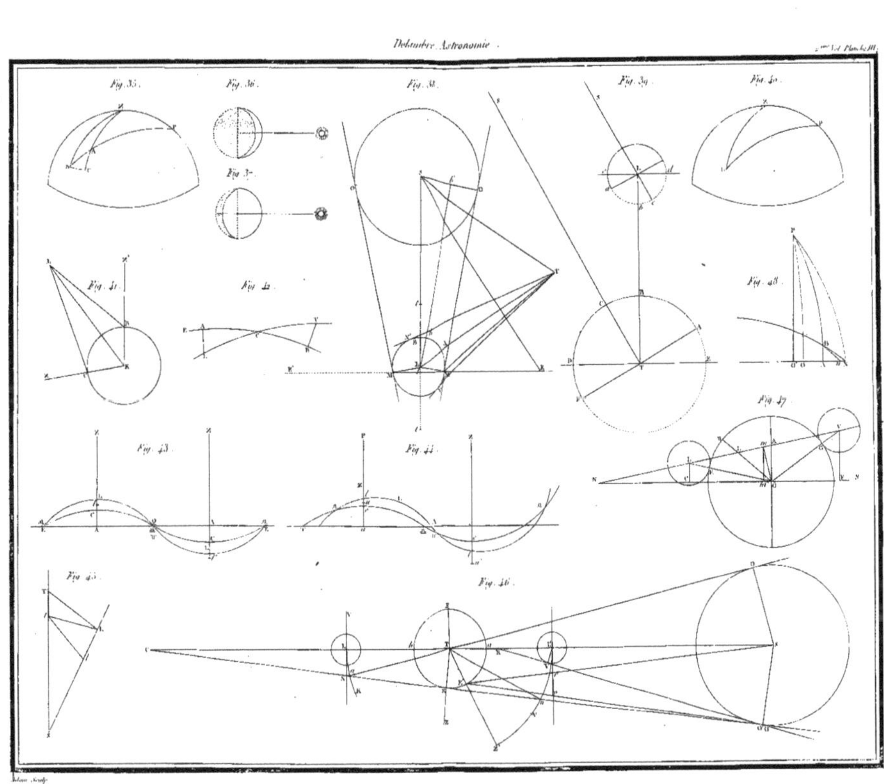

Fig. 35.
Fig. 36.
Fig. 37.
Fig. 38.
Fig. 39.
Fig. 40.
Fig. 41.
Fig. 42.
Fig. 43.
Fig. 44.
Fig. 45.
Fig. 46.
Fig. 47.
Fig. 48.

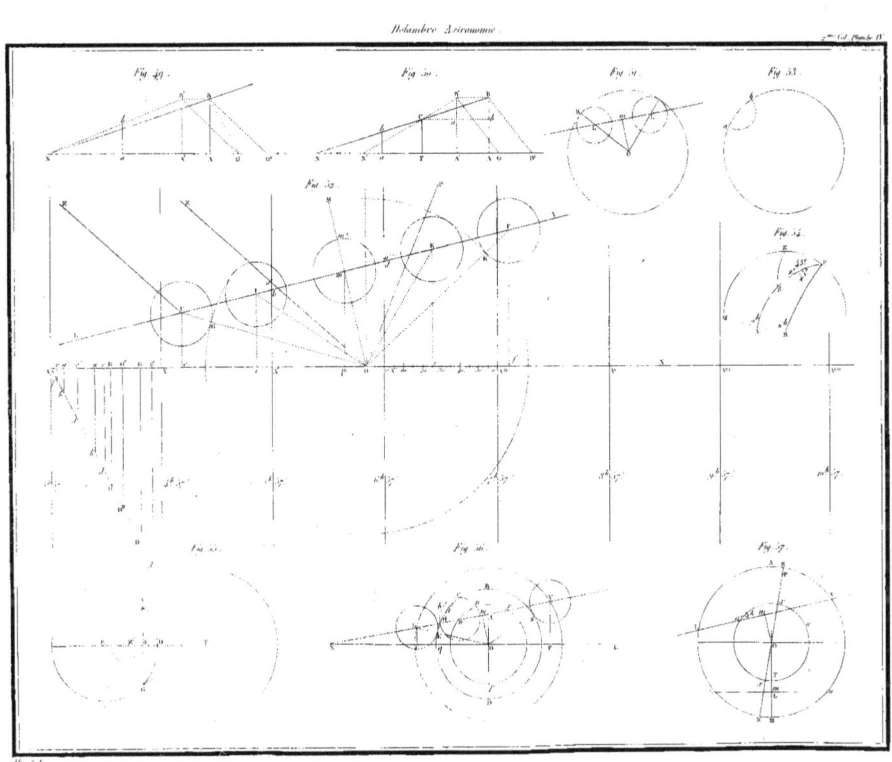
Fig. 49.
Fig. 50.
Fig. 51.
Fig. 52.
Fig. 53.
Fig. 54.
Fig. 55.
Fig. 56.
Fig. 57.

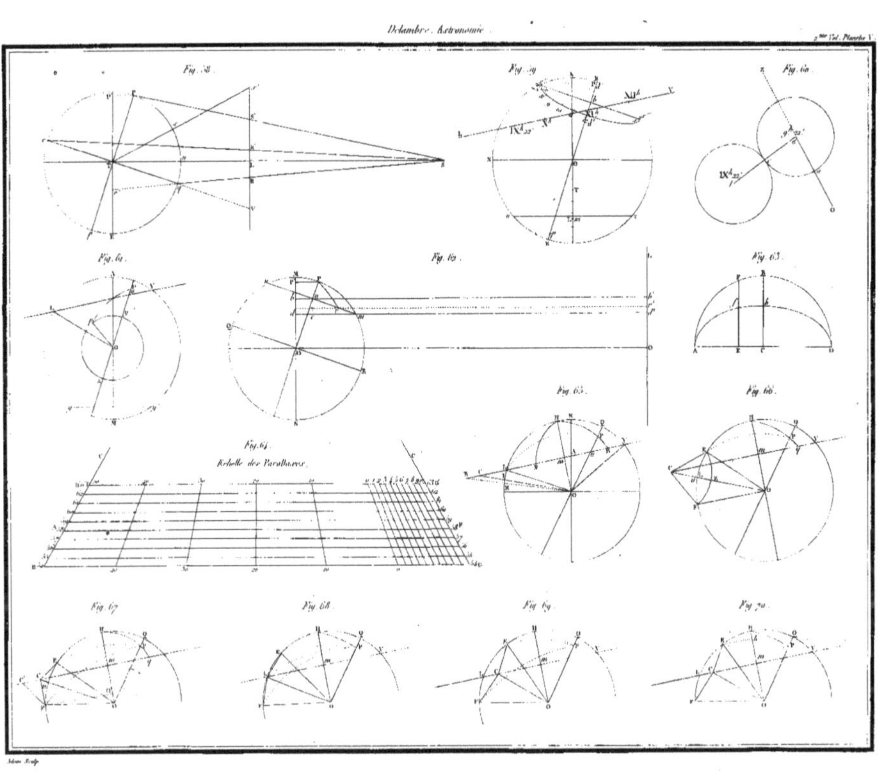
Fig. 58.
Fig. 59.
Fig. 60.
Fig. 61.
Fig. 62.
Fig. 63.
Fig. 64.
Échelle des Parallaxes.
Fig. 65.
Fig. 66.
Fig. 67.
Fig. 68.
Fig. 69.
Fig. 70.

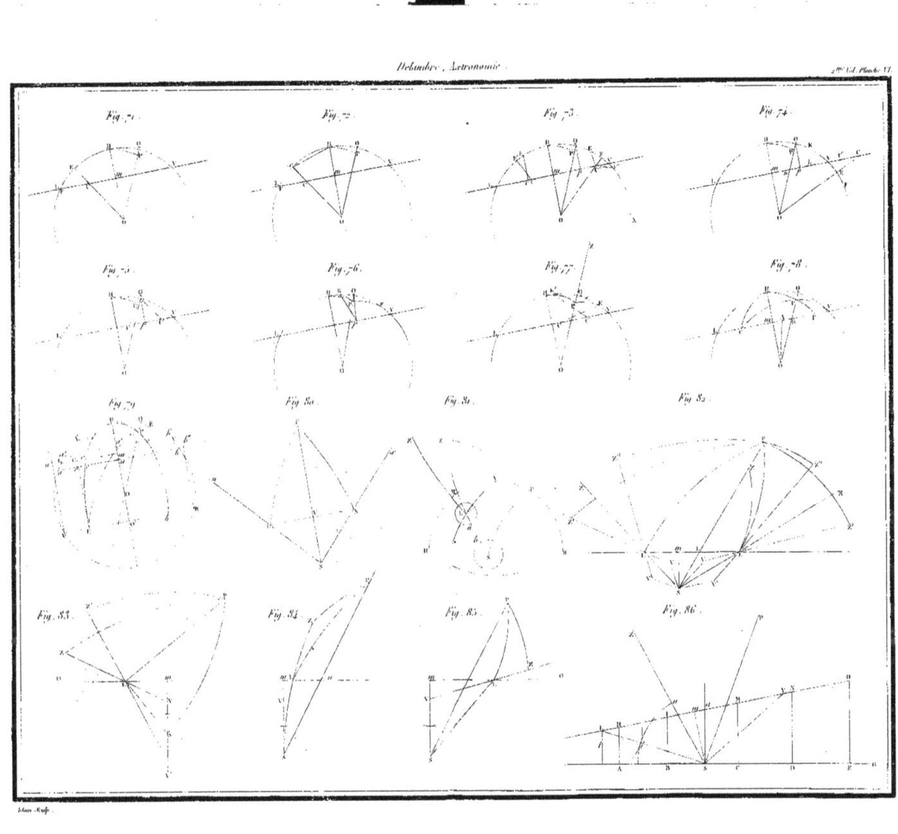


Fig. 71.
Fig. 72.
Fig. 73.
Fig. 74.
Fig. 75.
Fig. 76.
Fig. 77.
Fig. 78.
Fig. 79.
Fig. 80.
Fig. 81.
Fig. 82.
Fig. 83.
Fig. 84.
Fig. 85.
Fig. 86.

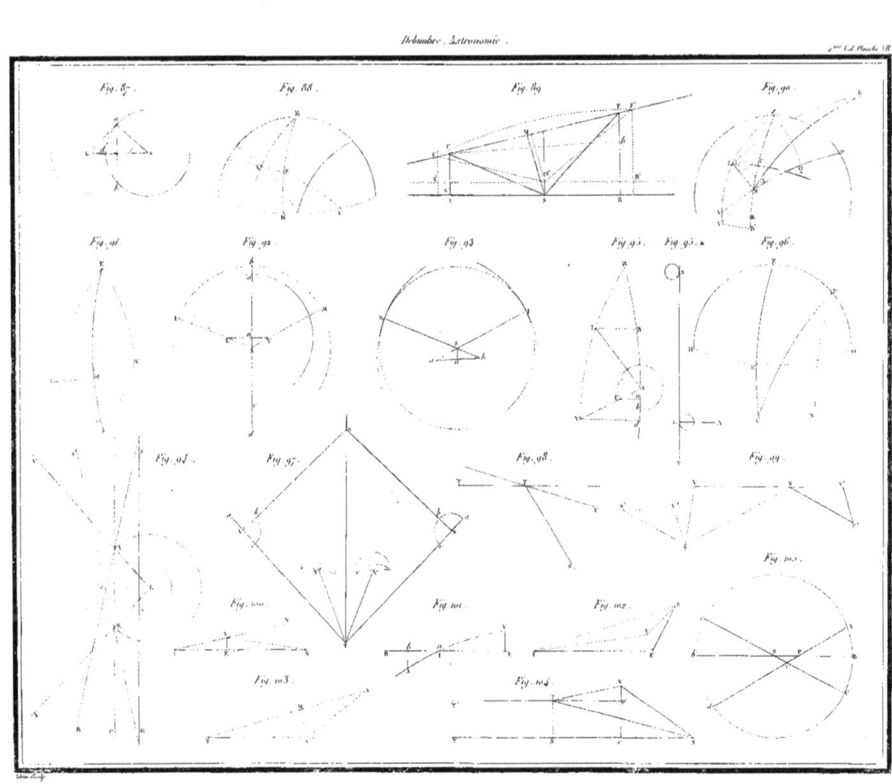

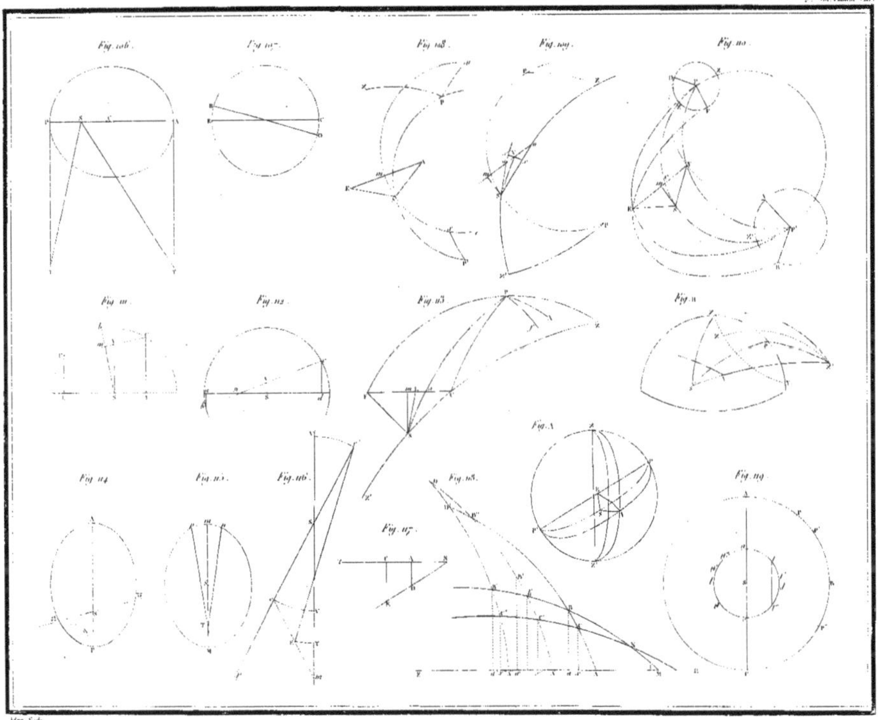

Fig. 106.
Fig. 107.
Fig. 108.
Fig. 109.
Fig. 110.
Fig. 111.
Fig. 112.
Fig. 113.
Fig. 11.
Fig. 114.
Fig. 115.
Fig. 116.
Fig. 117.
Fig. 118.
Fig. 119.
Fig. X.

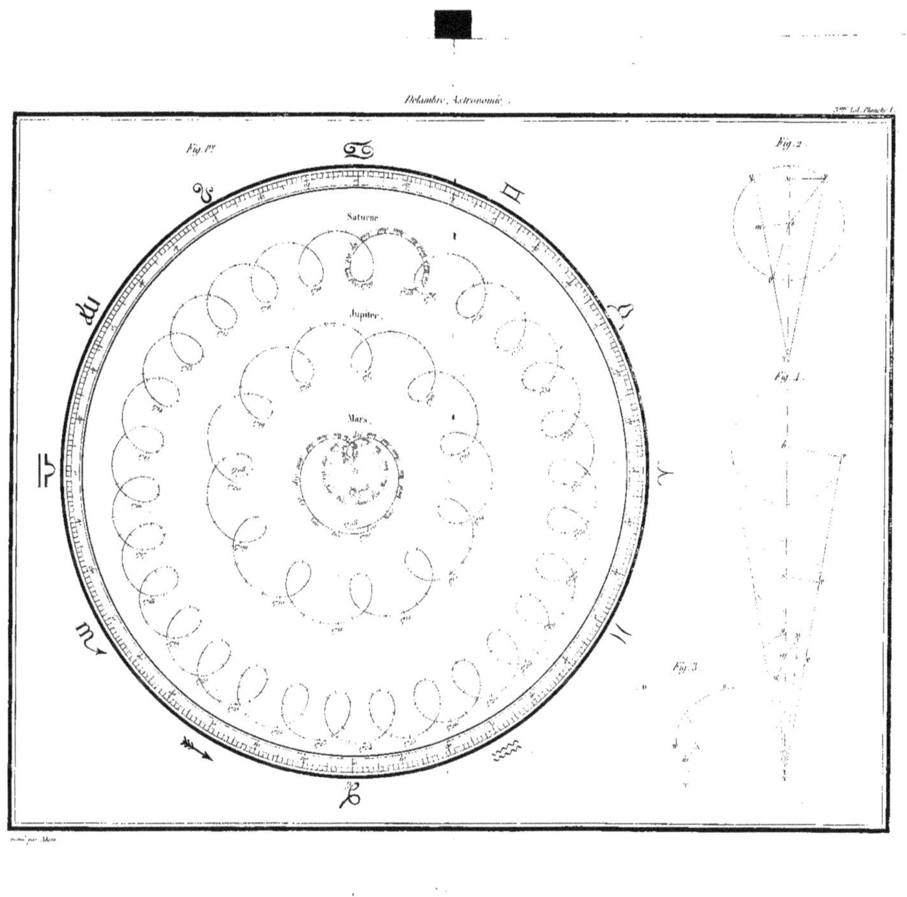


Delambre, Astronomie.
3.me Éd. Planche I.
Fig. 1.re
Fig. 2.
Fig. 3.
Fig. 4.
Saturne.
Jupiter.
Mars.

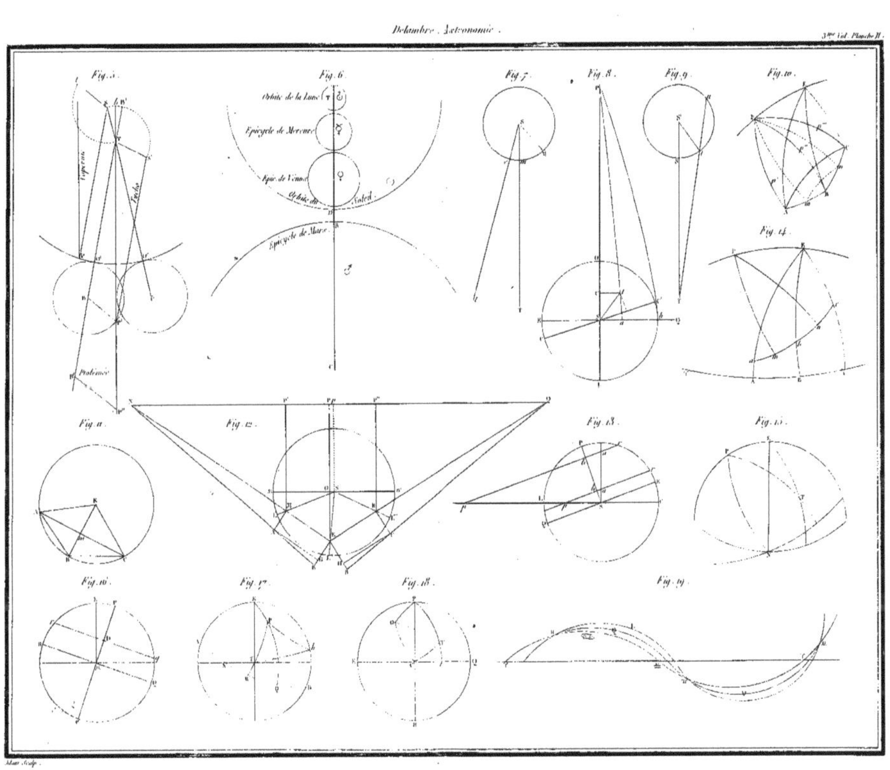

Fig. 5.
Fig. 6.
Fig. 7.
Fig. 8.
Fig. 9.
Fig. 10.
Fig. 11.
Fig. 12.
Fig. 13.
Fig. 14.
Fig. 15.
Fig. 16.
Fig. 17.
Fig. 18.
Fig. 19.
Orbite de la Lune
Épicycle de Mercure
Épic. de Vénus
Orbite du Soleil
Épicycle de Mars
Ptolémée

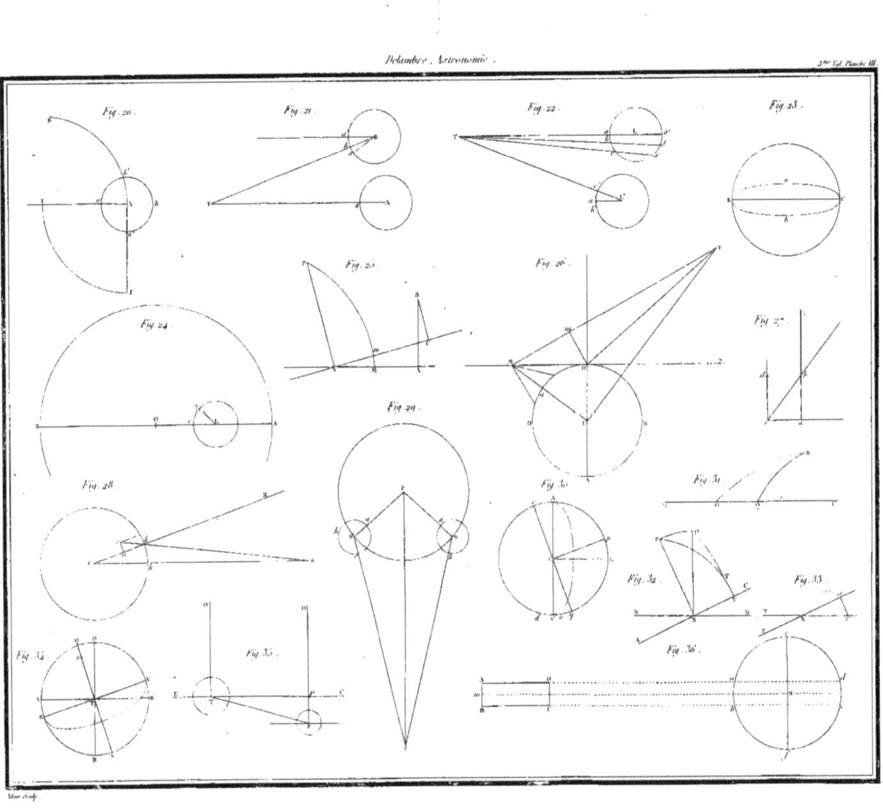

Fig. 20 .
Fig. 21 .
Fig. 22 .
Fig. 23 .
Fig. 24 .
Fig. 25 .
Fig. 26 .
Fig. 27 .
Fig. 28 .
Fig. 29 .
Fig. 30 .
Fig. 31 .
Fig. 32 .
Fig. 33 .
Fig. 34 .
Fig. 35 .
Fig. 36 .

 

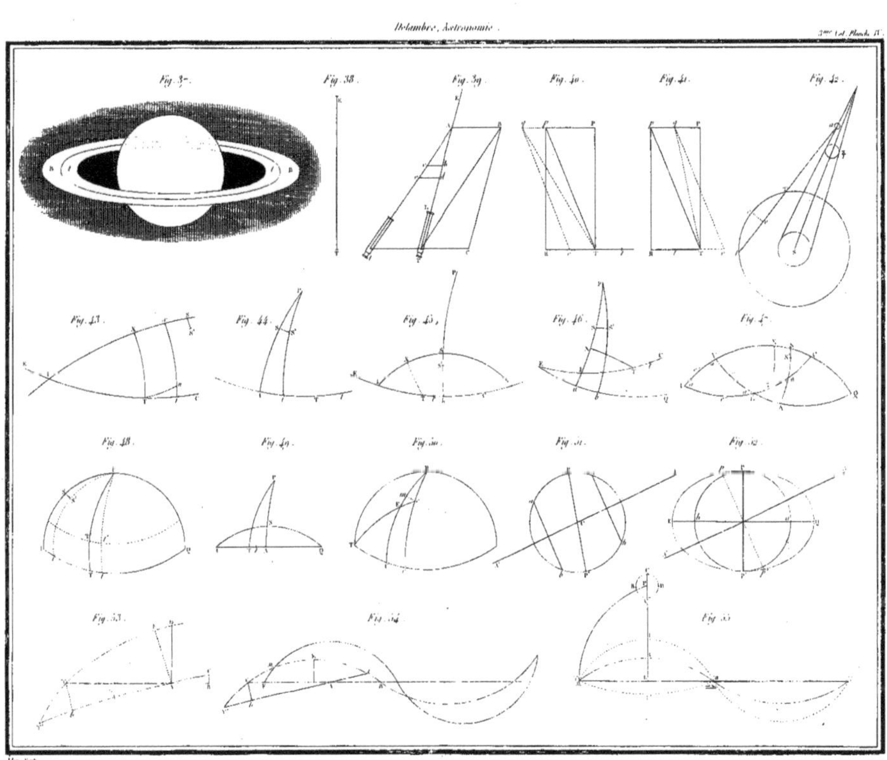
Fig. 37.
Fig. 38.
Fig. 39.
Fig. 40.
Fig. 41.
Fig. 42.
Fig. 43.
Fig. 44.
Fig. 45.
Fig. 46.
Fig. 47.
Fig. 48.
Fig. 49.
Fig. 50.
Fig. 51.
Fig. 52.
Fig. 53.
Fig. 54.
Fig. 55.

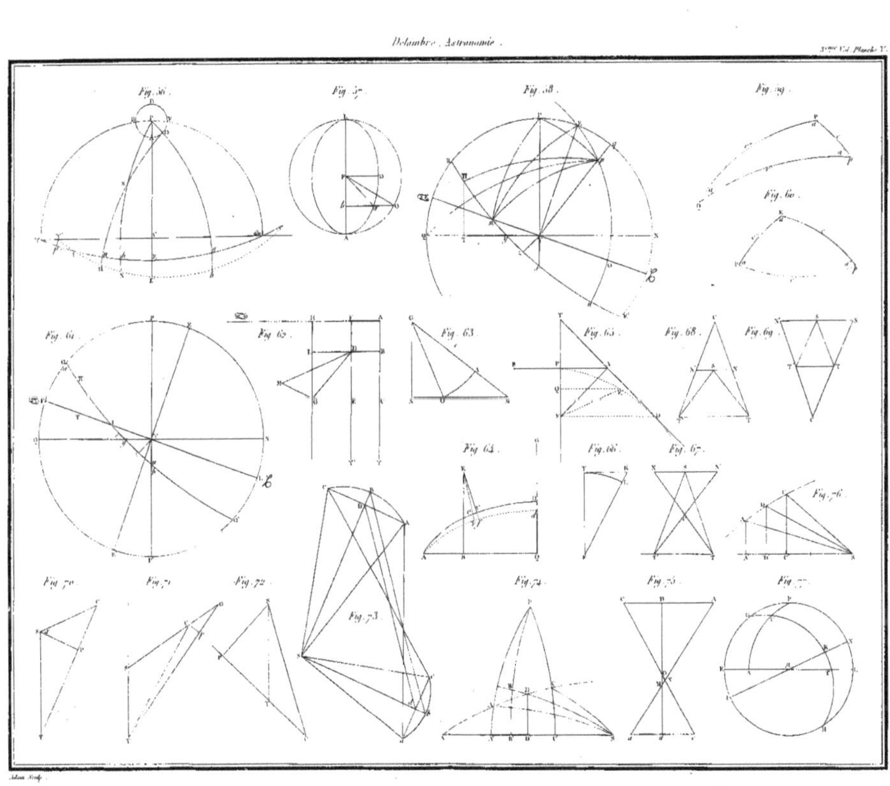


Fig. 56.
Fig. 57.
Fig. 58.
Fig. 59.
Fig. 60.
Fig. 61.
Fig. 62.
Fig. 63.
Fig. 64.
Fig. 65.
Fig. 66.
Fig. 67.
Fig. 68.
Fig. 69.
Fig. 70.
Fig. 71.
Fig. 72.
Fig. 73.
Fig. 74.
Fig. 75.
Fig. 76.
Fig. 77.

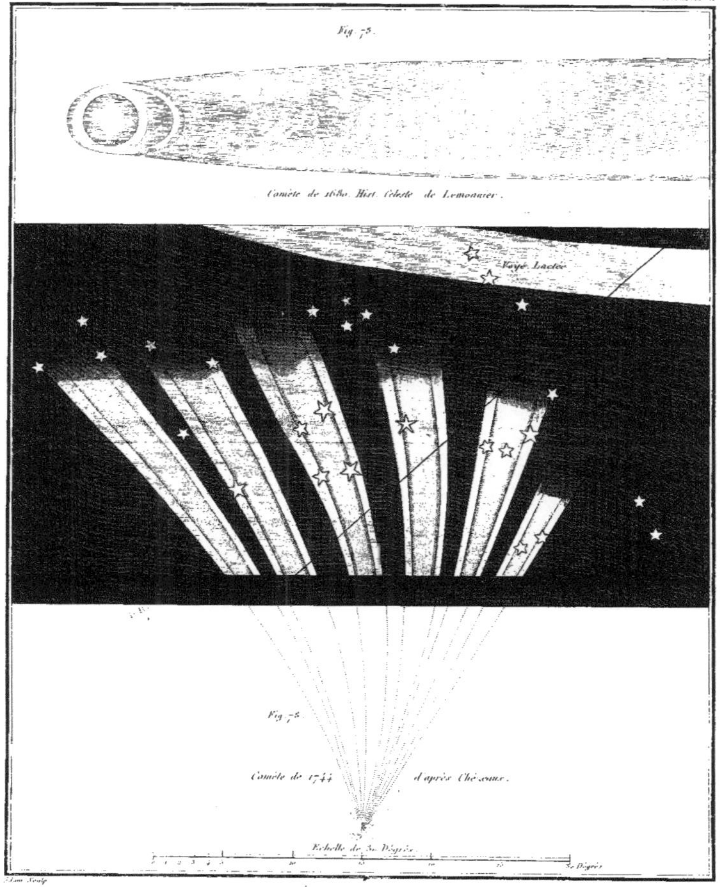

Fig. 75.
Comète de 1680. Hist. Céleste de Lemonnier.
Voye Lactée
Fig. 76.
Comète de 1744 d'après Chéseaux.
Echelle de 30 Degrés.
Degrés

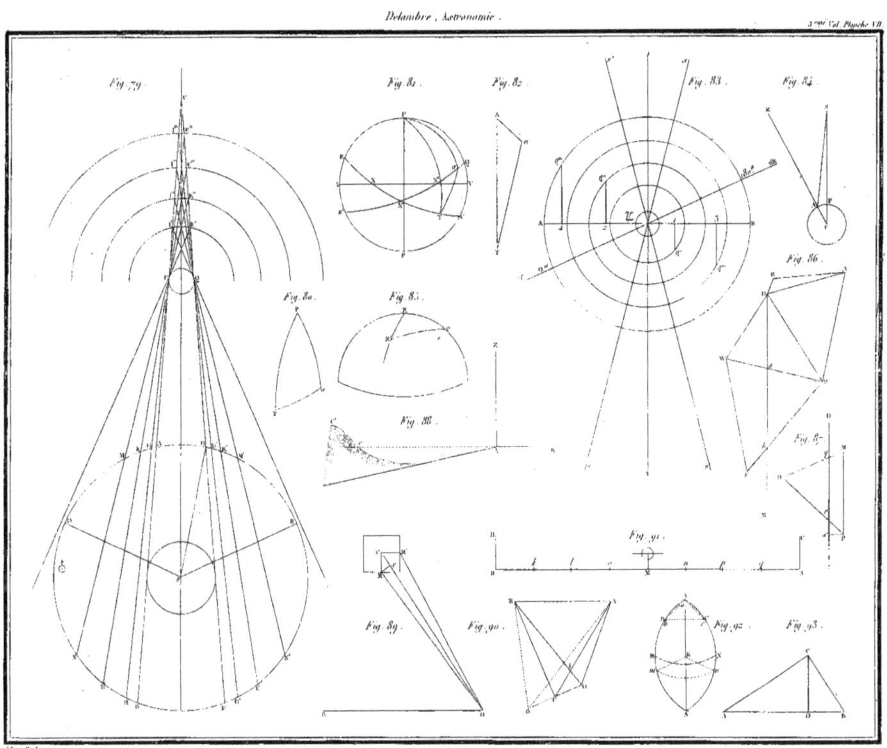

Fig. 79.
Fig. 80.
Fig. 81.
Fig. 82.
Fig. 83.
Fig. 84.
Fig. 85.
Fig. 86.
Fig. 87.
Fig. 88.
Fig. 89.
Fig. 90.
Fig. 91.
Fig. 92.
Fig. 93.

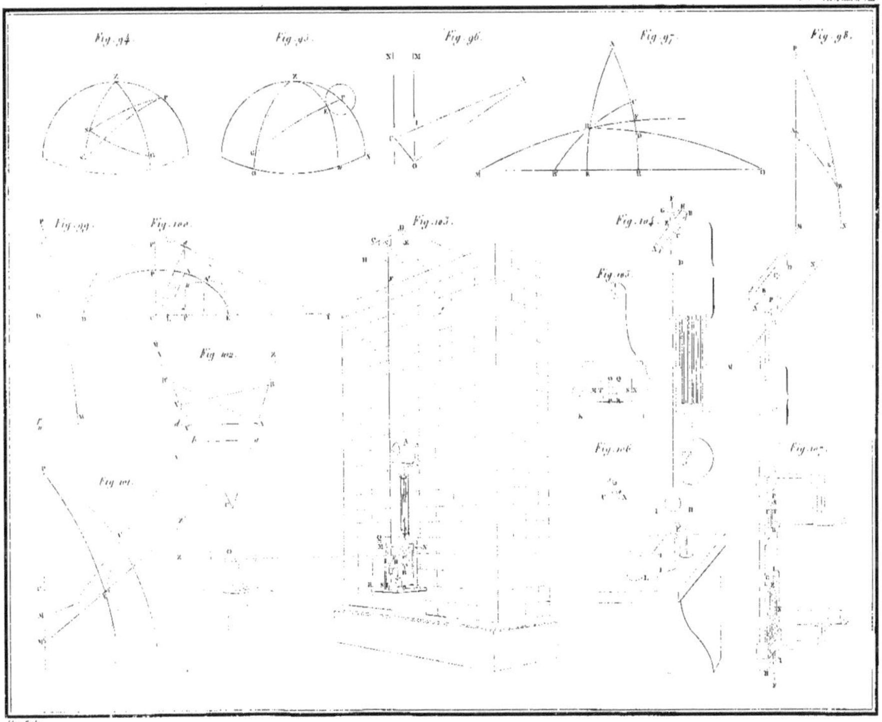

Fig. 94.

Fig. 95.

Fig. 96.

Fig. 97.

Fig. 98.

Fig. 99.

Fig. 100.

Fig. 103.

Fig. 104.

Fig. 105.

Fig. 102.

Fig. 101.

Fig. 106.

Fig. 107.

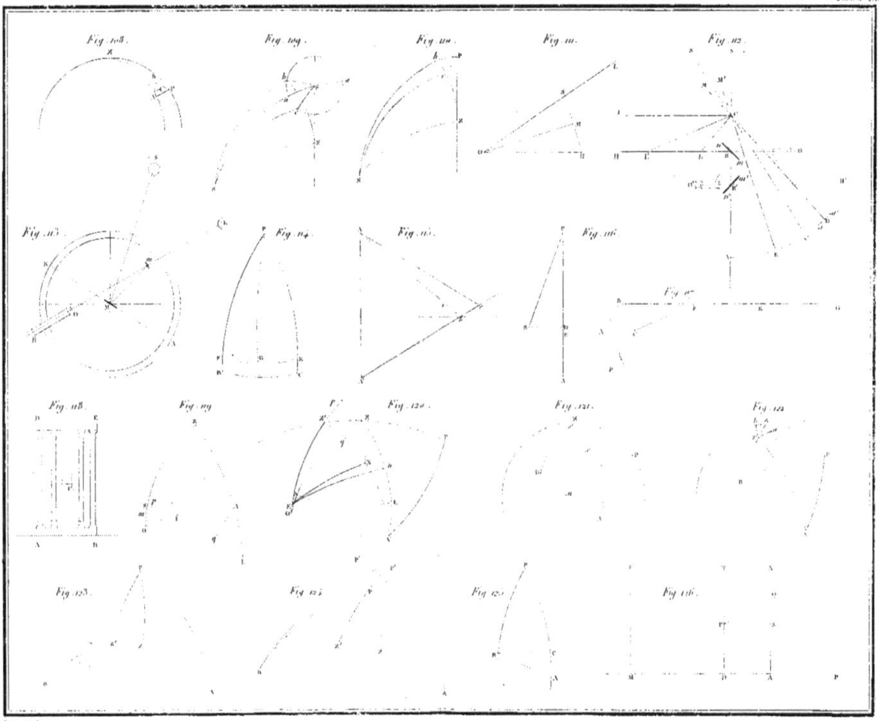

Fig. 108. Fig. 109. Fig. 110. Fig. 111. Fig. 112.
Fig. 113. Fig. 114. Fig. 115. Fig. 116. Fig. 117.
Fig. 118. Fig. 119. Fig. 120. Fig. 121. Fig. 122.
Fig. 123. Fig. 124. Fig. 125. Fig. 126.

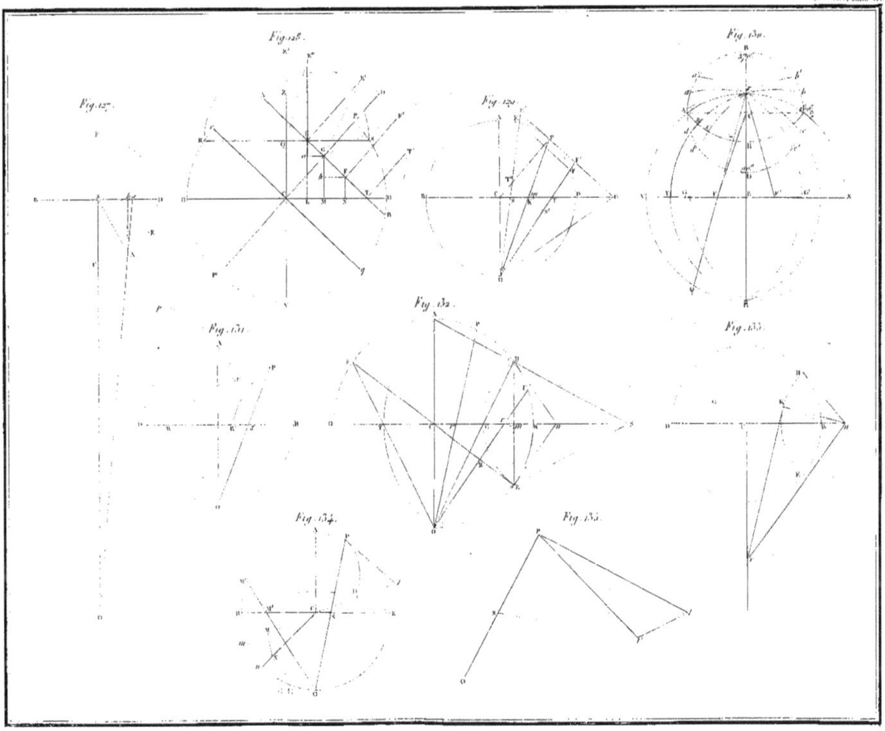

 

Fig. 127.

Fig. 128.

Fig. 129.

Fig. 130.

Fig. 131.

Fig. 132.

Fig. 133.

Fig. 134.

Fig. 135.

www.ingramcontent.com/pod-product-compliance
Ingram Content Group UK Ltd.
Pitfield, Milton Keynes, MK11 3LW, UK
UKHW031801170726
13836UKWH00003B/1112